Jelena Ilic
Jasenka Cosic
Karolina Vrandecic

Influência da temperatura e do meio no crescimento dos fungos

Jelena Ilic
Jasenka Cosic
Karolina Vrandecic

Influência da temperatura e do meio no crescimento dos fungos

Imprint
Any brand names and product names mentioned in this book are subject to trademark, brand or patent protection and are trademarks or registered trademarks of their respective holders. The use of brand names, product names, common names, trade names, product descriptions etc. even without a particular marking in this work is in no way to be construed to mean that such names may be regarded as unrestricted in respect of trademark and brand protection legislation and could thus be used by anyone.

Cover image: www.ingimage.com

This book is a translation from the original published under ISBN 978-3-659-59030-6.

Publisher:
Sciencia Scripts
is a trademark of
Dodo Books Indian Ocean Ltd. and OmniScriptum S.R.L publishing group

120 High Road, East Finchley, London, N2 9ED, United Kingdom
Str. Armeneasca 28/1, office 1, Chisinau MD-2012, Republic of Moldova, Europe
Printed at: see last page
ISBN: 978-620-7-86481-2

ÍNDICE DE CONTEÚDOS:

Capítulo 1

Influência da temperatura e do meio no crescimento dos fungos

Ilic, J., Cosic, J., Vrandecic, K.

Departamento de Patologia Vegetal, Faculdade de Agricultura de Osijek, V. Preloga 1, 31000 Osijek, Croácia

Um ambiente favorável é um dos factores mais importantes para o desenvolvimento da flora e da fauna e um dos componentes essenciais para o crescimento e a reprodução normais de todos os organismos vivos. Qualquer tipo de desvio das condições ambientais óptimas altera o funcionamento do organismo e influencia o seu metabolismo, nutrição, reprodução, crescimento e, em circunstâncias extremas, causa a morte. De todos os factores ambientais, os factores físicos mais amplamente estudados são a temperatura, a disponibilidade de água, a humidade relativa (HR), o pH e a luz, seguidos de outros, como o arejamento e a pressão, que também podem ser investigados. Os factores ambientais podem influenciar o crescimento micelial, o número, o tipo e a longevidade dos esporos formados, a germinação e a infeção. A forma mais fácil e mais comum de observar estes efeitos é registar a taxa de crescimento radial, a produção de biomassa, a produção de propágulos e a germinação de propágulos. No que respeita aos fungos, a investigação do ambiente físico e químico pode ser utilizada para ajudar a identificar taxa para determinação e para estudar o seu comportamento em ambientes naturais. Os fungos são muito diversos nas suas formas morfológicas - um bom exemplo são os fungos da ferrugem que podem criar vários corpos de frutificação e tipos de esporos. Outros fungos, como *Rhizoctonia* spp. encontram-se na natureza apenas sob a forma de micélio (Peterson 1974; Farr et al., 1989). A morfologia dos fungos é ainda mais complicada pelos factores ambientais já mencionados, como a temperatura, o período de luz, a humidade e o período de vegetação (Cooke et al., 2006; Madden et al., 2007). De acordo com Gillooly et al. (2001), a temperatura é crucial para o crescimento de todos os organismos porque influencia as taxas das reacções metabólicas. A temperatura pode ser dividida em temperatura do ar e do solo e os meios de crescimento podem ser diversos, desde matéria orgânica morta para saprófitas até organismos vivos para parasitas, incluindo meios de crescimento artificiais utilizados em laboratórios. A temperatura e os meios também afectam a viabilidade, a agresividade e a patogenicidade dos fungos. A maioria dos organismos funciona numa gama de temperaturas entre 0 e 40°C, sendo 0°C considerado a fase de transição para a congelação e 40°C o ponto oficial de início do catabolismo. A maioria dos fungos prefere temperaturas quentes, o que os categoriza como mesófilos, com uma gama de temperaturas óptimas entre 20 e 30°C. Há também fungos que preferem ambientes extremos ou stressantes, os chamados psicrotolerantes (Lane et al, 2012) (tolerantes ao frio - temperaturas máximas de crescimento acima dos 20°C, embora possam crescer a 10°C) ou psicrófilos (adoram o frio - temperaturas óptimas de crescimento à volta dos 16°C, com temperaturas máximas de crescimento à volta dos 20°C). Ao mesmo tempo, há uma série de fungos que só se desenvolvem bem em regiões frias e em estações frias. Estes fungos podem crescer sob a cobertura de neve na superfície do solo congelado, onde as temperaturas da superfície do solo são ligeiramente superiores a zero, por vezes mesmo quando a temperatura do ar é de -20°C. Os fungos termotolerantes são tolerantes ao calor e podem crescer numa gama de temperaturas de 20°C a 40-50°C. Os termófilos ou que gostam de calor, por outro lado, crescem num intervalo de 20°C a mais de 50°C e incluem os fungos que podem produzir composto. As diferenças na taxa de crescimento radial óptima a diferentes temperaturas podem ser usadas para ajudar a identificar taxa e, por exemplo, na produção de cogumelos para separar espécies patogénicas de espécies saprófitas de fungos *Trichoderma*, Samuels et al., 2002). A temperatura é também utilizada no exame da esporulação (prognóstico da doença para o míldio da batata, Hartill et al., 1990) e na determinação de pontos de morte térmicos para a gestão de doenças, como quando se utiliza água quente para o tratamento de bolbos de flores a fim de controlar as podridões basais causadas por *Fusarium oxysporum*).

A maioria dos fungos são acidófilos e preferem um pH entre pH 4 e pH 6, mas um pequeno número de espécies pode crescer entre pH 3 e pH 8 (Bachofen, 1986). O pH ótimo da maioria dos fungos situa-se entre pH 4 e pH 9, o que está dentro da gama de pH da maioria dos ambientes, embora existam ambientes mais extremos, como sumos de fruta e solos ácidos. Por exemplo, o clubroot das crucíferas causado por *Plasmodiofora brassicae* é mais grave a cerca de pH 5,7, mas se o pH for aumentado para 6,0 o seu desenvolvimento é mais lento. A um pH de 7,2 a doença pode ser controlada muito bem e a um pH de 7,8 ou superior a doença cessa completamente (Alford, 2000). Na produção agrícola, a cal é frequentemente utilizada para aumentar o pH do solo. O pH do solo é importante para a disponibilidade de nutrientes para as plantas, e qualquer falta de nutrientes pode enfraquecer as plantas e torná-las mais susceptíveis a doenças. O ajustamento do pH dos meios é frequentemente utilizado no laboratório para preparar meios de isolamento, como o ágar de decocção de cereja, que favorece o crescimento de fungos em vez do crescimento de bactérias.

De acordo com Marchisio (2000), os fungos são o segundo maior grupo de organismos depois dos insectos. Os fungos são saprófitas, crescem em diferentes condições ambientais e podem ser encontrados em qualquer parte do nosso planeta. Requerem numerosos componentes específicos e fontes de nutrição para o seu crescimento e reprodução (Albert et al., 2012; Mishra e Kahn, 2015). Como mencionado anteriormente, os factores ambientais são muito importantes para o crescimento e a esporulação dos fungos (Sharma e Sharma, 2009). A morfologia dos fungos está intimamente relacionada com factores nutricionais e fisiológicos (Singh 1980) e mesmo as mais pequenas variações entre factores podem estimular diferenças no seu aspeto morfológico. No que diz respeito aos fitopatógenos, foi dito que a doença das plantas não pode ocorrer a menos que três condições principais sejam preenchidas: presença de patógeno adequado, hospedeiro suscetível e condições climáticas apropriadas, principalmente temperatura e umidade (Verma, 1969; Singh e Sharma 2014). Os requisitos nutricionais para o crescimento de fungos não são tão complexos (Smith e Grula, 1981), mas em geral há diferenças entre as espécies de fungos (Carlile et al., 2001). A principal caraterística da classificação dos fungos é a análise de esporos, que pode ser difícil de utilizar, uma vez que alguns isolados não esporulam em meios artificiais comuns (Sharma et al., 2012). A produção em massa de esporos fúngicos pode ser efectuada em grandes culturas líquidas de fermentação (Onilude et al., 2012). Foram efectuados muitos estudos e investigações para avaliar o crescimento e a esporulação de fungos em diferentes meios e com diferentes parâmetros fisiológicos (Kim et al., 2005; Saha et al. 2008). A temperatura também influencia a germinação dos fungos (Lilly e Barnett 1951; Cabanillas e Jones, 2009). Todos os fungos têm a temperatura mais baixa, óptima e mais alta para o crescimento e a esporulação. Geralmente, a maioria dos fungos cresce a temperaturas que variam entre 15°C e 35°C; mas alguns deles requerem temperaturas mais elevadas para crescer (Sharma et al., 2001). O pH (concentração de iões de hidrogénio) dos meios de cultura tem uma influência significativa no crescimento dos fungos, que pode ser direta através da sua ação no exterior da célula ou indireta através da sua influência na disponibilidade de nutrientes (Simpfendorfer et al., 2001). Estudos demonstraram que o ambiente ótimo para o crescimento de fungos se situa num pH neutro a fracamente ácido (Deshmukh et al., 2012), o que proporciona a maior quantidade de peso micelial. Em meios líquidos, o pH ótimo situa-se entre 5,0 e 8,0 e essa gama é adequada para a produção de conídios e a esporulação (Saha et al., 2008; Zhao et al., 2010).

Gock et al. (2003) investigaram a influência da atividade da água (aw), do pH e da temperatura no desenvolvimento de sete espécies fúngicas *(Eurotium rubrum, E. repens, Wallemia sebi, Aspergillus penicillioides, Penicillium roqueforti, Chrysosporium xerophilum* e *Xeromyces bisporus}* que causam a deterioração de produtos de panificação. Os fungos foram cultivados a 25, 30 e 37°C em meios com valores de pH de 4,5, 5,5, 6,5 e 7,5 e diferentes actividades de água. Verificou-se que diferentes temperaturas eram óptimas para cada espécie: 25°C para *P. roqueforti* e *W. sebi*, 30°C para as *espécies Eurotium, A. penicillioides* e *X. bisporus* e 37°C para *C. xerophilum*. Todos os fungos cresceram mais rapidamente em condições ácidas.

Fuentes et al. (2015) mediram a influência da temperatura no crescimento e na taxa de respiração de cinco espécies de fungos *(Penicillium decumbens, P. chrysogenum, Acremonium strictum, Fusarium fujikuroi* e *F. sporotrichioides)* para determinar os efeitos da disponibilidade de glicose e da temperatura. O crescimento foi monitorizado por microscopia de epifluorescência, medições de ATP e densidade ótica. Tanto a respiração como o crescimento aumentaram com a temperatura e a concentração de glucose. O crescimento de *P. decumbens, F. sporotrichioides* e *F. fujikuroi* foi mais favorecido pela temperatura quando a glucose permaneceu estável. *O P. chrysogenum* tinha um padrão de crescimento particular, que parecia estar mais ligado à disponibilidade de glucose do que diretamente à temperatura. O crescimento de *F. sporotrichioides* e *A. strictum* respondeu à interação sinérgica entre a temperatura e a glucose. Os valores de Q_{i0} para a respiração fúngica variaram de 2,2 a 6,7, indicando uma forte dependência da temperatura das taxas de respiração, especialmente em *A. strictum* e *F. sporotrichioides*.

Lahouar et al. investigaram os efeitos da temperatura (15, 25 e 37 °C), da atividade da água (aw, entre 0,85 e 0,99) e do tempo de incubação (7, 14, 21 e 28 d) no crescimento fúngico e na produção de aflatoxina Bl (AFB1) por três isolados de *Aspergillus flavus* (8, 10 e 14) inoculados em grãos de sorgo. As taxas máximas de crescimento do diâmetro foram observadas a 0,99 aw a 37 °C para dois dos isolados. O aw mínimo necessário para o crescimento micelial foi de 0,91 a 25 e 37 °C. A 15 °C, apenas o isolado 8 cresceu a 0,99 aw.

De acordo com tudo o que foi referido anteriormente, podemos concluir que o crescimento e o desenvolvimento de fungos fitopatogénicos são muito dependentes da temperatura e dos meios de cultura. Neste livro iremos apresentar a influência dos meios de cultura e da temperatura no desenvolvimento de *Sclerotinia sclerotiorum, Botrytis cinerea, Chalara elegans* e *Fusarium* sp.

Capítulo 2

Influência do meio nutritivo e da temperatura no desenvolvimento de *Sclerotinia sclerotiorum*

A Sclerotinia sclerotiorum (Lib.) de Bary é um agente patogénico do solo que ataca as plantas em todas as fases de crescimento e desenvolvimento e também os seus frutos após a colheita, ou seja, a apanha. Trata-se de um agente patogénico polifágico que ataca mais de 400 espécies de plantas de 75 famílias (Boland e Hall, 1994). Causa danos em muitas espécies cultivadas, como o girassol, a soja, a colza, a luzerna, o tabaco, o feijão, o tomate, o pepino e a cenoura, mas também tem hospedeiros entre as ervas daninhas *(Abutilon theophrasti* Medick.), *(Ambrosia artemisiifolia* L.), *(Xanthium strumarium* L.) *(Amaranthus retroflexus* L.) (Jurkovic e Cosic, 2004., Cosic et al., 2008.).

S. sclerotiorum causa a podridão branca e está amplamente distribuído, mas prevalece em áreas com clima relativamente frio e húmido. As temperaturas óptimas para o desenvolvimento de *S. sclerotiorum* situam-se entre 15 e 21°C, com uma humidade relativa do ar elevada. Na superfície dos órgãos atacados, o fungo cria micélio branco dentro do qual crescem esclerócios pretos, que são a principal fonte de infeção (Hoes e Huang, 1975.).

O desenvolvimento de *S. sclerotiorum* em condições laboratoriais é influenciado por muitos factores. Os fungos nos meios de cultura criam micélio branco e esclerócios pretos. O crescimento e o desenvolvimento do micélio e o tamanho, a forma e a cor dos esclerócios dependem da temperatura, do meio de cultura, do valor do pH e do próprio isolado. Kim e Cho (2003) afirmam que o micélio de *S. sclerotiorum* isolado de tomate, pimento e batata em meio PDA é branco a cinzento. A temperatura mínima para o desenvolvimento do micélio é de 1°C e a máxima de 30°C, enquanto a temperatura óptima é de 2224°C. Os esclerócios são pretos, de forma redonda a irregular e o seu número numa placa de Petri é de 18-40, com um tamanho de 0,6-10 x 0,6-6,5 mm. Huang (1985) afirma que a forma dos esclerócios depende frequentemente do hospedeiro, pelo que os esclerócios formados no açafrão *(Crocus sativus* L.) têm forma de cone e no feijão-mungo *(Cigna radiata \'dv. radiata* (L.) R. Wilczek) são cilíndricos. O desenvolvimento do micélio e dos esclerócios também depende do pH. Em ambiente neutro ou alcalino, o desenvolvimento dos esclerócios é inibido. De acordo com Coung e Dohroo (2006), a maior quantidade de massa seca de micélio e o número e massa de esclerócios foram obtidos a pH 5, enquanto a pH 7,5-8 não se registou a formação de esclerócios. Singh et al. (2013) estudaram a influência dos meios, da temperatura e do pH no crescimento de *5. sclerotiorum*. Os meios utilizados foram ágar dextrose Sabouraud (SDA), ágar dextrose de batata (PDA), ágar de farinha de aveia Asthana & Hawker, ágar de farinha de Martin, ágar de farinha de com, ágar de Czapek dox, ágar de Pferrer, ágar de Richard e líquido de dextrose de batata. De acordo com os seus resultados, o SDA foi o melhor meio de cultura, 25 °C a temperatura óptima com o crescimento máximo do fungo testado e o pH ótimo a pH 6. Manpreet et al. (2017) avaliaram o crescimento e a formação de esclerócios de *5. sclerotiorum* em meios naturais, semi-sintéticos e sintéticos. A taxa de crescimento das colónias e o número de esclerócios foram os mais elevados em ágar dextrose de batata. O tamanho e o peso máximos dos esclerócios foram registados em ágar de farinha de aveia. A temperatura óptima para o crescimento do micélio foi de 20°C e o número máximo de esclerócios formou-se a 15°C. O pH ótimo para o crescimento máximo do micélio e a produção máxima de esclerócios de *5. sclerotiorum* foi de 5,0, enquanto que, para o tamanho máximo dos esclerócios, o pH ótimo foi de 6,0. Mcquilken et al. (1997) investigaram os efeitos do meio de cultura, temperatura, pH e luz no desenvolvimento de quatro isolados de *Coniothyrium minitans*. A germinação de conídios, a produção de picnídios e a taxa de extensão de hifas foram inicialmente estudadas em sete diferentes meios de crescimento à base de ágar a 18-20 °C. O ágar dextrose de batata (PDA) e o ágar de extrato de malte (MEA) apresentaram a taxa mais elevada de extensão de hifas, produção de picnídios e germinação de conídios para os quatro isolados. O ágar melaço-fermento teve um crescimento e desenvolvimento equivalentes aos do PDA e do MEA, com uma taxa de extensão das hifas um pouco mais lenta. De acordo com estes resultados, a influência da temperatura, da luz e do pH no desenvolvimento de *C. minitans* foi investigada apenas em PDA. Em quatro isolados, os conídios germinaram e os picnídios foram produzidos numa gama de temperaturas entre 10-25°, com o ótimo a aproximadamente 20°. A extensão das hifas abrangeu uma gama de temperaturas mais alargada, entre 4 e 25°. A germinação de conídios, a produção de picnídios e a extensão de hifas estiveram presentes entre 3 e 8 pH e o ótimo situou-se entre 4,5 e 5,6 pH.

O objetivo deste trabalho foi determinar, em condições laboratoriais, se o crescimento do micélio e a formação de esclerócios de *5. sclerotiorum* isolado do tabaco dependem do meio de cultura e da temperatura.

Material e métodos

A investigação sobre a influência dos meios (PDA, ágar-cenoura) e da temperatura (15, 22 e 30°C) no desenvolvimento de micélio e esclerócio de *5. sclerotiorum* foi realizada no laboratório de fitopatologia da Faculdade de Agricultura em Osijek. O fungo foi isolado de plântulas de tabaco em abril de 2013. O PDA e o ágar-cenoura foram preparados de forma normalizada e colocados em placas de Petri de 90 mm. A inoculação dos meios foi efectuada da forma seguinte:

a) círculos de 5 mm de meio PDA contendo fungos

b) desinfectados (etanol a 70%, 2 min.) esclerócios individuais de tamanho semelhante.

Foram inoculadas três placas de Petri para cada meio e temperatura. Em seguida, foram incubadas a 15, 22 e 30°C na câmara termostática com regime de luz 24 horas escuro. O desenvolvimento dos micélios e esclerócios foi acompanhado durante 14 dias. Foi efectuada a análise estatística dos dados (ANOVA, teste LSD).

Resultados e discussão

Nesta investigação, determinámos que o meio e a temperatura influenciam significativamente o crescimento do micélio e o desenvolvimento dos esclerócios. Os resultados são apresentados nos quadros 1, 2 e 3. O crescimento inicial mais rápido do micélio (3.º dia após a inoculação) registou-se em PDA e à temperatura de 22°C (P=0,01). O micélio cresceu em toda a placa de Petri de 90 mm e o diâmetro dos esclerócios foi de 72 mm. O crescimento inicial mais lento do micélio (P=0,01) foi determinado a 30°C. Quando o meio PDA foi inoculado com esclerócios, o desenvolvimento do micélio não foi registado após três dias (Quadro 1). Em ágar cenoura, o desenvolvimento inicial do micélio foi estatisticamente muito significativo (a partir do micélio) e significativamente mais rápido a 15 °C em comparação com outras temperaturas.

Tabela 1. Influência do meio de cultura e da temperatura no desenvolvimento do micélio de *A. sclerotiorum* (3° dia)

Temperatura	Diâmetro da colónia de fungos mm			
	PDA		cenoura	
	Micélio	Esclerócio	Micélio	Esclerócio
15°C	65,0	28,5	14	3,5
22°C	90,0	72	1,5	0
30°C	10,0	0	0	0
LSD 0,05	4,76	5,33	1,49	2,90
0,01	7,21	8,07	2,56	4,40

O micélio de culturas fúngicas com sete dias de idade, cultivadas em PDA e incubadas a 15 e 22°C, estava bem desenvolvido, era branco e crescia completamente sobre a placa de Petri (Quadro 2). O desenvolvimento fúngico a essas temperaturas foi estatisticamente muito mais rápido em comparação com o desenvolvimento fúngico a 30°C. Em ágar cenoura, o desenvolvimento mais rápido foi determinado a 15°C (colónia de 69 mm de micélio; colónia de 22,5 mm de esclerócio).

Tabela 2. Influência do meio de cultura e da temperatura no desenvolvimento do micélio de *S. sclerotiorum* (7° dia)

Temperatura	Diâmetro da colónia de fungos mm			
	PDA		cenoura	
	Micélio	Esclerócio	Micélio	Esclerócio
15°C	90,0	90,0	69,0	22,5
22°C	90,0	90,0	5,0	11,0
30°C	24,5	24,0	9,5	9,0

| LSD 0,05 | 2,90 | 1,76 | 6,56 | 4,42 |
| 0,01 | 4,40 | 2,67 | 9,94 | 6,70 |

Após 14 dias de incubação em PDA a 30°C, o diâmetro do fungo era quase 50% mais pequeno em comparação com o diâmetro do micélio a temperaturas mais baixas (Quadro 3). Em ágar cenoura, o melhor crescimento foi determinado a 15°C (desenvolvimento de fungos a partir de micélio), ou seja, a 22°C (desenvolvimento de fungos a partir de esclerócios).

Tabela 3. Influência do meio de cultura e da temperatura no desenvolvimento do micélio de *5. sclerotiorum* (14.º dia)

Temperatura	Diâmetro da colónia de fungos mm			
	PDA		cenoura	
	Micélio	Esclerócio	Micélio	Esclerócio
15°C	90,0	90,0	90,0	63,0
22°C	90,0	90,0	22,5	90,0
30°C	47,5	50,0	19,5	7,0
LSD 0,05	2,90	5,77	6,98	5,73
0,01	5,77	8,74	10,58	8,68

Os dados obtidos estão de acordo com os resultados de outros investigadores, segundo os quais o crescimento do micélio é o mais rápido e o micélio é mais abundante em meio PDA, ao passo que em alguns outros meios, como o meio de farinha de milho e folhas de salada (Cuong e Dohroo, 2006.) ou ágar malte (Jeon et al., 2006.), são significativamente inferiores.

Um crescimento mais lento do micélio em alguns meios pode dever-se à presença de ingredientes inibidores ou a um conteúdo nutritivo desfavorável. A falta de fósforo, potássio, magnésio e enxofre pode inibir e retardar o crescimento do micélio e a formação de esclerócios (Purdy e Grogan, 1954.).

Segundo outros autores (Spotts e Cervantes, 1996., Cuong e Dohroo, 2006., Jeon et al., 2006.), a temperatura óptima para o desenvolvimento do micélio de *5. sclerotiorum* em PDA situa-se entre 20 e 25°C, enquanto que a temperaturas mais elevadas (30°C) o micélio não se forma ou tem uma taxa de crescimento muito lenta. Kim e Cho (2003.) afirmam que a temperatura mínima para a formação de micélio é de 1°C.

O meio e a temperatura também têm uma influência importante na dinâmica da formação de esclerócios e no seu tamanho e número. Os esclerócios começaram a formar-se depois de o micélio ter crescido até ao fim da placa de Petri. A 15°C, o início da sua formação foi determinado ao fim de 5 dias, de forma igual para as culturas desenvolvidas a partir de micélio e de esclerócios.

A 20°C, em culturas desenvolvidas a partir de esclerócios, o início da formação de novos esclerócios foi determinado após 5 dias e em culturas desenvolvidas a partir de micélio após 7 dias.

Os esclerócios formaram-se nos bordos das colónias, o que está de acordo com Kohn (1979.), que afirma que os esclerócios se formam normalmente nos bordos das colónias.

Humpherson-Jones e Cooke (1977) afirmam que, juntamente com os bordos das colónias, os esclerócios podem formar círculos concêntricos ou qualquer outra forma irregular.

A formação de esclerócios foi determinada apenas em PDA. No 12° dia do início da investigação, a 15°C, o número médio de esclerócios por placa de Petri era de 17 em culturas desenvolvidas a partir de esclerócios e de 13 em culturas desenvolvidas a partir de micélio. A 30°C os esclerócios não se desenvolveram. De acordo com a literatura disponível, a temperatura óptima para a formação de esclerócios situa-se entre 15 e 25°C, embora possa estar numa vasta gama de temperaturas de 0-30°C (Adams e Tate, 1976.). Os esclerócios formados a temperaturas mais baixas eram maiores em comparação com os esclerócios formados a temperaturas mais altas. Kohn (1979) afirma que as culturas de *S. sclerotiorum* cultivadas em meio PDA ou discos de cenoura a 15-20°C produzem continuamente esclerócios maiores. Abawi e Grogan (1975.), Murakawa et al. (1975.) e Adams e Tate (1976.) determinaram que se forma um maior número de esclerócios maiores a temperaturas mais baixas. Por outro lado, Purdy (1956.) afirma que os maiores esclerócios se formam a uma temperatura de 25°C. Os esclerócios de *5. sclerotiorum* são geralmente redondos a cilíndricos, mas também podem ter outras formas irregulares. De acordo com alguns autores, a forma dos esclerócios é frequentemente muito dependente do hospedeiro do qual o agente patogénico foi isolado (Kohn,1979., Huang, 1985.). Hao et al. (2003) testaram a germinação de *esclerócios* de *Sclerotinia minor* e *5. sclerotiorum* sob várias combinações de humidade e temperatura do solo em solos de Huron e Salinas, CA. Os esclerócios de cada isolado foram incubados a 5, 10, 15, 20, 25 e 30°C. Todos os esclerócios recuperáveis foram recuperados 3 meses depois e testados quanto à viabilidade. O tipo de solo não afectou nem o tipo nem o nível de germinação dos esclerócios. A germinação micelial foi o modo predominante nos esclerócios de *S. minor,* e ocorreu entre -0,03 e -0,3 MPa e 5 e 25°C, com um ótimo a -0,1 MPa e 15°C. Não ocorreu germinação a 30°C ou a 0 MPa. A temperatura do solo, a humidade ou o tipo de solo não afectaram a viabilidade dos esclerócios de nenhuma das espécies. A germinação carpogénica de esclerócios de *S. sclerotiorum*, medida como o número de esclerócios que produzem estipes e apotécios, foi o modo predominante que foi afetado significativamente pela humidade e temperatura do solo. As condições óptimas para a germinação carpogénica foram 15°C e -0,03 ou -0,07 MPa. O nosso isolado fúngico formou esclerócios redondos em ambas as temperaturas.

Conclusão

Os resultados da investigação mostram que os meios e a temperatura têm uma influência significativa no desenvolvimento do micélio e no número e tamanho dos esclerócios de *5. sclerotiorum*. O desenvolvimento do micélio foi mais abundante em PDA do que em ágar-cenoura. O crescimento do micélio foi mais lento a 30°C. Os esclerócios formaram-se apenas no meio PDA e a 15 e 20°C, enquanto que a 30°C não se formaram esclerócios em nenhum meio.

Capítulo 3

Influência da temperatura e do pH do meio no crescimento de *Botrytis cinerea*

Os factores importantes para o desenvolvimento de doenças das plantas são a temperatura, a humidade relativa do ar, a luz e o pH dos meios de cultura. Todos os fungos fitopatogénicos têm requisitos específicos em relação ao ambiente. Se as condições ambientais não forem favoráveis ao crescimento e desenvolvimento dos fungos, a infeção não ocorrerá e a doença não se desenvolverá. Se as condições ambientais forem favoráveis, a doença ocorrerá e a sua intensidade dependerá do facto de as condições ambientais serem óptimas para o crescimento e o desenvolvimento.

A Botrytis cinerea requer uma humidade relativa elevada e uma temperatura entre 2 e 35°C (ideal 20 a 25°C). Se a doença ocorrer em condições óptimas de crescimento, os fungos podem causar perdas de rendimento, dependendo da espécie e do genótipo, de mais de 50%.

O objetivo deste trabalho foi determinar como diferentes valores de pH e diferentes temperaturas influenciam o crescimento de *Botrytis cinerea*. O pH utilizado foi 8,0, 6,5 e 5,5 e as temperaturas 15°C, 22°C, 30°C. O meio de cultura foi PDA.

A Botrytis cinerea é ubiquista e polífaga. Causa mofo cinzento em muitas plantas cultivadas, em todos os continentes, desde climas subtropicais a climas mais frios. Ataca plantas no campo e em estufas e os seus hospedeiros são legumes, como cebola, tomate, pimento, feijão, espinafres, pepino, abóbora, culturas como soja, colza, tabaco, girassol e frutos (morango, amora, uva). (Jarvis, 1977.). O nome deriva do micélio cinzento-acastanhado que se forma no órgão atacado (Mlikota, 2001.). É a doença mais frequente e mais perigosa dos produtos hortícolas, frutos e uva de vinha, especialmente se o período antes da vegetação for muito chuvoso, o rendimento pode ser reduzido em 50%. O agente patogénico pode ser encontrado em restos de plantas mortas (Cvjetkovic, 2010.).

As condições ecológicas para o crescimento dos fungos são temperaturas entre 2 e 35°C, que, juntamente com uma humidade elevada, permitem a germinação. As temperaturas óptimas para a germinação de esporos situam-se entre 20 e 23°C

(Cvjetkovic, 2010.), e as temperaturas óptimas para o crescimento e desenvolvimento do micélio situam-se entre 20 e 22°C.

Radman (1978.) afirma que o parasita cria um grande número de conídios que podem infetar tecidos húmidos a temperaturas entre 1 e 3°C, sendo o ideal entre 20 e 30°C com 100% de humidade relativa do ar. Os conídios necessitam de uma humidade relativa do ar elevada para germinar. Descobertas anteriores mostraram que a germinação dos conídios depende da presença de uma película de água que envolve os conídios (Brown, 1915., Brown e Harvey, 1927.). Williamson et al. (1993) determinaram que, se não houver água presente, a humidade do ar necessária para a germinação dos conídios é de 100%, enquanto Ilieva (1970) determinou que a humidade do ar necessária é de 85%. A germinação de conídios a uma humidade relativa elevada é possível devido à condensação de água nas superfícies circundantes a uma humidade do ar superior a 95%. Os factores que influenciam o desenvolvimento da doença são a humidade do ar elevada, a luz, o pH e a idade dos conídios. Os conídios de *B. cinerea* podem germinar no escuro, mas nessas condições a germinação é muito baixa. A luz vermelha e o espetro próximo da luz UV (280-380 nm) inibem a germinação dos conídios, enquanto a luz UV contínua inibe a esporulação (Jarvis, 1977, Nicot et al., 1996.). O pH ótimo para a germinação de conídios situa-se entre 3,0 e 7,0, enquanto o micélio pode crescer em pH de 2,0 a 8,5 (Webb, 1919.). A percentagem de germinação depende da idade da conónia, e a melhor taxa de germinação é obtida em colónias com 16 dias de idade (Singh, 1940). Os conídios começam a germinar quando caem sobre tecido vegetal suscetível. O tubo germinativo expande-se na superfície da planta, o fungo forma o apressório e penetra com a hifa de infeção. Brown e Harvey (1927.) afirmam que a penetração é feita mecanicamente, enquanto McKeen (1974.) afirma que a penetração é feita com enzimas, de modo a desintegrar a cutícula com enzimas pectolíticas. O micélio forma conídios no tecido colonizado, o que dá início ao ciclo da doença. O fungo inicia cada novo ciclo da doença com conídios até que ocorram condições extremas, como frio, corrente de ar ou falta de hospedeiro, e então o fungo cria esclerócios ou estágio sexual. A fase assexuada (anamorf) de *Botrytis cinerea* Pers e a fase sexual (telemorf) de *Botryotinia fuckeliana* (de Bary) Whetz. são fases do ciclo de vida do mesmo fungo. A fase sexual foi descrita pela primeira vez em 1866. por Anton De Bary (Lorenz i Eichhorn, 1983.) sob o nome de *Peziza fuckeliana,* e em 1869. renomeou-a em *Sclerotinia fuckeliana.* Whetzel em 1945. colocou o estágio telemorf no género *Botryotinia* e desde então é chamado *Botryotinia fuckeliana.* Em 1939. Groves e Drayton efectuaram com sucesso cruzamentos in vitro e confirmaram que *B. fuckeliana* é o estádio sexual de *B. cinerea* (Jarvis, 1977.). Uma vez que a fase assexuada era normalmente encontrada na natureza, o fungo foi maioritariamente designado por *B. cinerea* (Topolovec-Pintaric, 2000.). Pertence à subdivisão *Deuteromycota,* classe *Hyphomyctes,* família *Moniliaceaae,* género *Botrytis* (Ainsworth, 1971.). Por outro lado, alguns taxonomistas dão vantagem aos estádios teleomorfos na nomenclatura e, segundo eles, este fungo pertence à subdivisão *Ascomycota,* classe *Dicomycetes,* família *Sclerotiniaceae* (Ainsworth, 1971.). O estádio anamórfico é dominante na natureza e tem um papel crucial no ciclo de vida dos fungos, enquanto o estádio sexual é raramente encontrado e não desempenha um papel importante na epidemiologia dos fungos. No género *Botrytis,* algumas espécies são especializadas em determinados hospedeiros, mas *B. cinerea* é um polífago com mais de 200 hospedeiros vegetais (Jarvis, 1977.). Pode causar danos durante a vegetação, após a colheita, no armazenamento e no transporte. Prefere um clima moderado, propaga-se pelo vento e é muito comum em amostras de ar (Paddy e Kelly, 1954, Richards, 1956).

Kim et al. (2005.) investigaram a influência dos meios, da temperatura, do potencial hídrico, do pH dos meios e da luz no crescimento e na formação de picnídios de *Sphaeropsis pyriputrescens.* Os meios mais adequados para todos os seis isolados foram o meio de sumo de maçã e o meio de sumo de pera. O meio Com não foi adequado para o crescimento de micélios ou para a formação de picnídios. Os fungos foram incubados a -3, 0, 5, 10, 15, 17, 20, 22, 25, 30 e 35°C. O crescimento fúngico foi determinado em temperaturas de -3 a 25°C, com um crescimento ótimo a 20°C e sem crescimento a 30°C. Os fungos cresceram com - 5,6 MPa de potencial hídrico em PDA, com pH de 3,3 a 6,3 e pH ótimo entre 3,3 e 4,2. Não foi determinado qualquer crescimento micelial a pH 7,2.

Sosa-Alvarez et al., (1995.) inocularam folhas mortas de morangueiro com *Botrytis cinerea* e incubaram-nas a diferentes temperaturas de 5 a 30°C. A esporulação do fungo, ou seja, a formação de conídios por cm^2 na superfície da folha foi medida após incubação húmida entre o 11° e o 13° dia.

A temperatura óptima de esporulação situou-se entre 17 e 18°C, o número de conídios entre 105 e 107 por cm2 foi determinado a temperaturas entre 15 e 22°C após 7 dias de humidificação contínua. Qualquer temperatura mais baixa ou mais alta reduziu a esporulação. A 25°C foi determinada uma esporulação muito baixa, enquanto a 30°C não houve esporulação. O período latente mais longo foi de 6 a 7 dias a 5°C, e a temperaturas de 15 a 22°C o período latente foi de três dias. A troca de períodos secos e húmidos (duração do período húmido de 5, 12 e 24 horas) influenciou diretamente a intensidade da esporulação.

Svitlica et al. (2011.) investigaram o crescimento e a esporulação de *Fusarium graminearum, Fusarium verticillioides* e *Fusarium subglutinans* em sete meios diferentes, com diferentes pH (4,5, 6,5 e 7,0) e em dois regimes de luz (24 horas de escuridão e 12 horas de luz / 12 horas de escuridão) a uma temperatura de 25°C. Foram utilizados os seguintes meios: PDA, ágar-água (WA), ágar-água com pedaços de grão de trigo (WAI), ágar-água com pedaços de grão de milho (WA2), ágar-água com pedaços de caule de milho (WA3), ágar com folhas de caranfila (CLA), ágar-sumo V-8 modificado. Em PDA e no escuro, todos os isolados apresentaram o micélio mais abundante e o crescimento mais rápido. Independentemente do meio, a esporulação mais fraca foi determinada para *Fusarium graminearum,* enquanto em todos os meios *Fusarium verticillioides* e *Fusarium subglutinans* tiveram uma boa esporulação. Todos os fungos tiveram um crescimento estatisticamente mais lento a pH 4,5.

Fernandez et al. (2014.) investigaram a influência da temperatura nas características morfológicas de *Botrytis cinerea* e a sua relação com a variação genética. Recolheram 6 isolados de diferentes hospedeiros que foram isolados e categorizados sob as várias categorias: crescimento do micélio, resistência a fungicidas, patogenicidade e influência da temperatura. Determinaram diferenças morfológicas claras nas temperaturas de 4, 12 e 28°C. Todos os isolados foram analisados molecularmente e classificados como grupo II. Os resultados mostraram que o crescimento do micélio, a resistência aos fungicidas e a patogenicidade não estão relacionados com as características moleculares, mas sim com a temperatura de crescimento.

Siwulski et al. (2011.) investigaram a influência da temperatura de crescimento e do pH do meio no crescimento do micélio de *Mycogena perniciosa* e *Verticillium fungicola*. As temperaturas experimentais foram 15, 20, 25 e 30°C e os valores de pH 5,5; 6,0; 6,5; 7,0 e 7,5. Foi determinado que a temperatura e o pH têm uma influência significativa no crescimento do micélio de ambos os agentes patogénicos. O crescimento mais rápido do micélio para ambos os agentes patogénicos foi medido a 25°C, enquanto que a 15°C o crescimento do micélio foi inibido. *Mycogena perniciosa* teve o melhor crescimento a pH 5,5, enquanto *Verticillium fungicola* no mesmo valor de pH teve o crescimento mais lento.

Materiais e métodos

A investigação foi efectuada no laboratório do Departamento de Patologia Vegetal da Faculdade de Agricultura de Osijek. Preparámos 36 placas de Petri com PDA e pH 5,5, 6,5 e 8,0 e com temperaturas de 15, 22 e 30°C. O desenvolvimento dos fungos em diferentes pH e temperaturas foi monitorizado no 3º, 7º, 10º, 14º e 17º dias após a inoculação.

Resultados

A 15°C (Quadro 1), no terceiro dia após a inoculação, o diâmetro do micélio a pH 5,5 era de 4,22 cm, a pH 6,5 era de 4,3 cm e a pH 8,0 era de 4,4 cm, não tendo sido determinadas diferenças estatisticamente significativas.

Quadro 1. Influência do pH do meio e da temperatura de 15 C no desenvolvimento de *Botrytis cinerea* (cm)

pH	3. dan					7. dan				
	ponavljanje					ponavljanje				
	1	2	3	4	X	1	2	3	4	X

8	4,8	4,1	4,5	4,2	4,4	9,5	9,5	9,5	9,5	9,5
5,5	4,9	4,2	4,2	3,9	4,3	9,5	9,5	9,5	9,5	9,5
6,5	4	4,7	4,0	4,2	4,22	9,5	9,5	9,5	9,5	9,5
LSD										
0,05				0,49						
0,01				0,71						

Quadro 2 Influência do pH do meio e da temperatura de 22°C no desenvolvimento de *Botrytis cinerea* (cm)

pH	3. dan					7. dan				
	ponavljanje					ponavljanje				
	1	2	3	4	X	1	2	3	4	X
8	6,9	6,8	6,5	6,2	6,6	9,5	9,5	9,5	9,5	9,5
5,5	6,7	7,2	9,0	8,5	7,8	9,5	9,5	9,5	9,5	9,5
6,5	6,6	6,2	7,5	8,5	7,2	9,5	9,5	9,5	9,5	9,5
LSD										
0,05				0,82						
0,01				1,18						

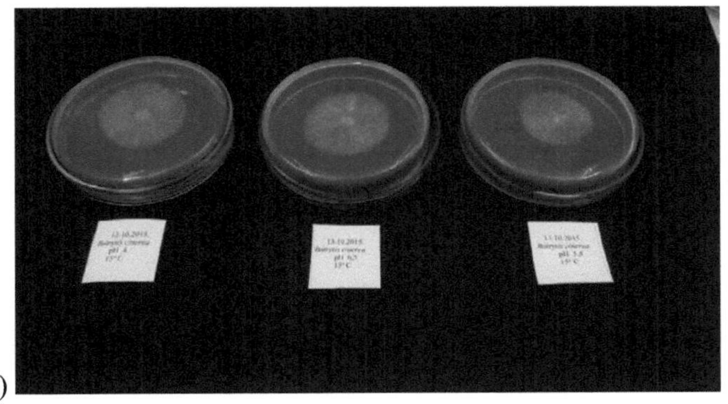

a)

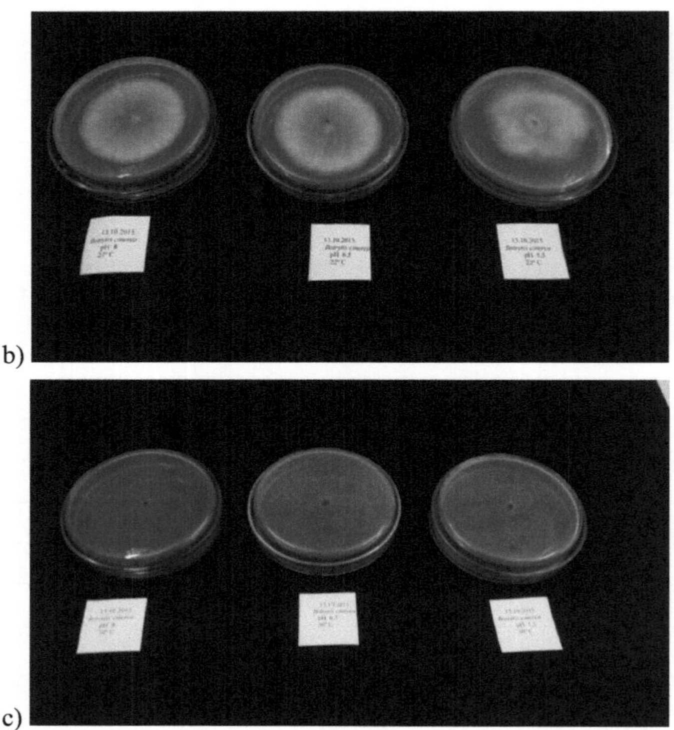

Figura 1: Influência do pH do meio no crescimento *de Botrytis cinerea* a) 15°C, b) 22°C e c) 30°C no terceiro dia após a inoculação (fonte: Damjanovic)

Sete dias após a inoculação, os fungos em todos os ensaios cresceram demasiado em PDA (em todos os valores de pH). A 22°C (quadro 2), no terceiro dia após a inoculação, o micélio teve o melhor desenvolvimento a pH 6,5 e o mais lento a pH 8,0. Sete dias após a inoculação, os fungos em todos os ensaios cresceram demasiado em PDA (independentemente do valor de pH). O crescimento do micélio em pH 6,5 foi estatisticamente significativamente melhor em comparação com o crescimento do micélio em bio pH 8,0. A 30°C (Quadro 3.) os fungos tiveram um desenvolvimento mais lento em comparação com 15 e 22°C.

Ahmed et al. (2016) avaliaram o crescimento micelial de cinco isolados de *B. cinerea* em seis meios: PDA, CDA (Czapek Dox Agar), OMA (Oat Meal Agar), MEA (Malt Extract Agar), LDA (Lysine Decarboxylase Agar) e V8A (V8 Juice Agar). O agente patogénico *B. cinerea* cresceu bem em meio MEA e CDA. O crescimento radial micelial médio mais elevado foi obtido em MEA seguido de CDA. A temperatura e o tempo de incubação óptimos para a germinação de conídios foram observados a 20°C e 24 h, respetivamente. Foi necessária uma humidade relativa superior a 90% para a germinação de conídios de *B. cinerea. A B. cinerea* sobreviveu em todas as partes da planta até à época de cultivo seguinte. Verificou-se também que os esclerócios de *B. cinerea sobrevivem* no solo até 9 meses. Todos os 5 isolados de *B. cinerea* permaneceram viáveis após 3 anos de armazenamento em água estéril a -80°C e em areia a 4°C com a mesma patogenicidade.

Quadro 3 Influência do pH do meio e da temperatura de 30°C no desenvolvimento de *Botrytis cinerea* (cm)

pH	3° dia					7° dia				
	repetição					repetição				
	1	2	3	4	X	1	2	3	4	X
8	0,6	0,6	0,6	0,6	0,6	1,0	9,5	1,0	1,0	1,27
6,5	0,8	0,8	0,6	0,7	0,72	1,1	1,4	1,1	1,1	1,45
5,5	0,6	0,8	0,8	0,6	0,70	1,5	1,5	1,2	1,0	1,32
LSD 0,05	0,14					0,22				
0,01	0,20					0,32				
pH	10° dia					14° dia				
	repetição					repetição				
	1	2	3	4	X	1	2	3	4	X
8	1,0	1,5	1,0	1,6	1,27	1,0	1,5	1,0	1,6	1,27
6,5	1,4	1,6	1,4	1,4	1,45	1,7	1,6	1,4	1,4	1,52
5,5	1,5	1,6	1,2	1,0	1,32	1,5	1,6	1,2	1,0	1,32
LSD 0,05	0,82					0,20				
0,01	1,18					0,29				

Três dias após a inoculação, os fungos tiveram o melhor desenvolvimento a pH 6,5.

No 17º dia após a inoculação, o desenvolvimento fúngico a pH 6,5 foi estatisticamente significativamente melhor do que a pH 8,0.

Discussão

A Botrytis cinerea pertence aos agentes patogénicos mais importantes das plantas e, em condições favoráveis ao desenvolvimento da doença, as perdas de rendimento podem atingir 50%.

A nossa investigação mostrou que a 15 e 22°C os fungos se desenvolvem melhor do que a 30°C.
A 30°C, o micélio foi melhor em pH 6,5 do que em pH 8,0.

Conclusão

Com base na investigação, podemos concluir o seguinte: os fungos desenvolveram-se melhor a 15 e 22°C em comparação com o crescimento fúngico a 30°C. A 15 e 22°C, o micélio encheu a placa de Petri sete dias após a inoculação, independentemente do pH do meio. A 30°C, após 14 dias, o micélio tinha menos de 2 cm em todos os pH. A 30°C, o desenvolvimento de *Botrytis cinerea* a pH 6,5 foi estatisticamente significativamente melhor em comparação com o crescimento do micélio a pH 8,0. A 15 e 22°C, os fungos desenvolveram-se igualmente bem em todos os pH.

Capítulo 4

Influência do meio de nutrição e da temperatura no desenvolvimento do fungo *Chalara elegans*

A temperatura é um dos factores importantes que influenciam o crescimento e o desenvolvimento dos fungos e cada fungo tem requisitos de temperatura específicos. O objetivo desta investigação foi determinar de que forma diferentes meios de cultura (PDA, ágar-água e ágar-cenoura) e temperaturas (15°C, 20°C, 25°C) influenciam o crescimento do fungo Chalara elegans.

Chalara elegans causa a podridão negra da raiz em mais de 15 famílias de plantas (Walker, 2008.). É um parasita facultativo (Josifovic,1956.). Pode ser encontrada em solos de relva, muitas vezes no substrato de plantação (Leahy, 1998.).

O fungo foi isolado e identificado pela primeira vez em 1938 em campos de algodão em Sacatonu, EUA (King e Presley, 1942.). Mais tarde, também foi encontrado no tabaco. Os vegetais mais susceptíveis são da família Solanaceae e a infeção ocorre nas primeiras fases da vegetação (Maceljski et al., 2004.). As plantas cultivadas mais importantes que podem ser infectadas por este agente patogénico são a cenoura, o feijão, o tabaco, o algodão, o amendoim e a *Viola tricolor* (Hood e Shew, 1996.). A intensidade da infeção depende de vários factores: suscetibilidade da cultivar, tipo de *C. elegans* e quantidade de inóculo (Trebilco et al., 1999.). A doença ocorre independentemente em partes de estufas em oásis (Maceljski et al., 2004.). O diagnóstico da doença é muitas vezes problemático porque pode ser confundido com défice ou suficiência de água, sintomas causados por temperaturas extremamente baixas ou altas ou pode ser confundido com sintomas causados por outros agentes patogénicos como *Rhizoctonia* sp. e *Pythium* sp. (Trebilco et al., 1999.). Leahy (1998.) afirma que um pH inferior a 4,5 e superior a 8 cria condições adequadas para a infeção por este fungo, enquanto Maceljski (2004.) afirma que as infecções em solos com pH inferior a 5,6 são raras.

Os sintomas da doença nas partes da planta acima do solo são clorose e morte, desfoliação e crescimento e desenvolvimento lentos (Walker, 2008.), enquanto a raiz infetada se torna preta e podre (Maceljski. et al, 2004.). As partes infectadas da raiz dividem-se das partes sãs e a infeção parte geralmente das partes intermédias em todas as direcções até que toda a raiz esteja podre (Ward et al., 2012.). Se a infeção se desenvolver em fases posteriores do desenvolvimento da planta, apenas são infectadas veias individuais, que são substituídas por novas e, nesse caso, a influência de *Chalara elegans* é mínima (Josifović, 1956.).

Chalara elegans forma clamidosporos que mantêm a viabilidade durante 4 a 5 anos e são uma fonte primária de inóculo (Maceljski et al., 2004.) e durante a vegetação o fungo propaga-se com conídios. Os clamidosporos são formados em cadeias curtas que são posteriormente quebradas para que os esporos se tornem individuais (Walker, 2008.). A doença propaga-se numa gama de temperaturas de 12 a 23 °C, enquanto a temperatura óptima para o desenvolvimento da doença é de 17 a 23 °C (Maceljski et al., 2004.). Em temperaturas de 26 a 30°C, as formas de tabaco susceptíveis tornam-se resistentes em *C. elegans* (Josifović, 1956.).

A Chalara elegansna. na cenoura é mencionada como uma doença de armazenamento que destrói a raiz da planta se esta for armazenada em condições húmidas a altas temperaturas. Os sintomas de infeção, ou seja, clamidosporos visíveis em toda a raiz, podem ser observados após incubação em sacos de plástico. Os primeiros sintomas de infeção são visíveis cinco dias depois de se deixar a cenoura à temperatura ambiente (Weber e Tribe, 2004.). A doença desenvolve-se esporadicamente e não existem preparações que reduzam eficazmente a incidência da doença após a colheita. A incidência da doença é mais frequente quando a cenoura é tratada adicionalmente após a colheita, isto é, lavada, selecionada e classificada, o que danifica a raiz. O desenvolvimento da doença é mais visível nas raízes que são embaladas em sacos de plástico e armazenadas entre 20 e 25°C. Além disso, a cenoura tratada com propanoato de cálcio e carbonato de potássio era mais resistente à doença, mas a utilização destes produtos químicos não se justifica do ponto de vista económico (Punja, 1993.).

Mesmo que o agente patogénico e o hospedeiro estejam presentes na natureza, a infeção só ocorrerá se as condições ambientais forem adequadas. Factores como a humidade, a temperatura e o pH do solo podem influenciar significativamente a incidência da doença. A temperatura influencia a duração da infeção, a incubação e o período latente (Keane e Kerr, 1997). Foi investigada a influência da temperatura no desenvolvimento do fungo *Sphaeropsis pyriputrescens*. O fungo foi incubado a -3, 0, 5, 10, 15, 17, 20, 22, 25, 30 e 35°C. O crescimento fúngico foi determinado em temperaturas de -3 a 25°C, sendo a temperatura óptima de 20°C e a 30°C os fungos não se desenvolveram (Kim e Xiao, 2005.). Granke e Hausbeck (2010) investigaram a patogenicidade de *Phytophtora capsici* no pepino. Investigaram a influência das temperaturas de 10 a 35 °C na infeção e concluíram que a doença não se desenvolve a 10 e 30 °C. O desenvolvimento mais rápido da doença foi registado a 25 °C, enquanto a mesma doença no pimento se desenvolveu a 27 °C. O fitopatógeno *Lasiodiplodia theobromae* desenvolve-se numa gama de temperaturas de 4 a 30 °C, sendo a temperatura óptima para o crescimento do fungo de 28 °C (Saha et al. 2008.).

As temperaturas óptimas para o desenvolvimento do fitopatógeno *Rhizoctonia solani* foram determinadas como sendo 20 e 24° C (Ritchie et al., 2009.). Siwulski et al. (2011.) investigaram a influência da temperatura no desenvolvimento de *Verticillium fungicola* e *Mycogena perniciosa*. Os fungos foram cultivados em PDA nas temperaturas de 15, 20, 25 e 30°C, e a incubação durou 21 dias. O melhor crescimento de ambos os fungos foi registado a 25°C, enquanto que a 15°C o crescimento de ambos os fungos foi inibido.

Phytophtora colocasiae provoca o míldio na planta do taro, que é cultivada pelos seus rebentos comestíveis e é rica em amido e folhas verdes. Gaston et al. (2014.) investigaram a influência da temperatura e do pH no desenvolvimento deste fungo. O fungo foi cultivado em V8 e incubado a 18, 21, 24, 27 e 30°C. Concluíram que o aumento do pH a 18, 21, 24 e 27 °C diminui a esporulação, sendo a temperatura óptima para o desenvolvimento do agente patogénico de 25 °C.

Sphaeropsis pyriputrescens foi cultivada em ágar de farinha de aveia OMA, MEA (ágar de malte), V-8 (tomate), CDA (Chapek), AJA (sumo de maçã), PJA (sumo de pera), CMA (milho) e ágar PDA. O melhor crescimento foi registado em ágar PJA e

AJA, enquanto o crescimento mais lento foi registado em ágar CMA (Kim e Xiao, 2005.). *Lasiodiplodia theobromae* desenvolve-se bem em meio PDA com adição de chá de raiz de *Camellia sinensis*, pelo que este meio é recomendado para o cultivo deste fungo em condições laboratoriais (Saha et al., 2008.). Ritchie et al. (2009) investigaram a influência do meio no crescimento de *Rhizoctonia solani* em ágar PDA, ágar-água, MYA (ágar-malte) e meio SEA. O melhor desenvolvimento registou-se em MYA e PDA. Vrandecic et al., (2009) investigaram o crescimento de *Diaporthe helianti* em PDA, ágar malte, ágar V-8 e ágar água com adição de tecido de diferentes espécies de plantas com o objetivo de investigar a influência dos meios no crescimento dos órgãos reprodutivos. Após a inoculação, as amostras foram incubadas a 24°C com um regime de 12 horas de luz/12 horas de escuridão. O ágar-água com partes adicionais de plantas provou ser adequado para o desenvolvimento de ascos com ascósporos. O desenvolvimento foi monitorizado durante 80 dias e verificou-se que em maltz agaru, PDA e V-8 os fungos formaram primeiro micélio claro. O maior número de picnídios foi registado em ágar malz e em ágar-água com adição de caule de soja, sementes de soja e *Abutilon theophrasti*.

Material e métodos

Foi estudada a influência de três meios de cultura diferentes (PDA, ágar-cenoura e ágar-água) no crescimento de *Chalara elegans*. Placas de Petri inoculadas com os meios de cultura foram incubadas em câmaras de crescimento a 15, 20 e 25°C e regime de luz de 24 horas de escuridão. A investigação foi efectuada em três ensaios. O crescimento fúngico foi medido no 3º, 6º, 10º e 13º dia após a inoculação.

Resultados

A 15°C (Quadro 1), no terceiro dia após a inoculação, o melhor desenvolvimento dos fungos foi em PDA e o diâmetro do micélio foi de 5 mm. No ágar-água o diâmetro foi o mais pequeno - 4 mm. No sexto dia após a inoculação, o crescimento fúngico no PDA e no ágar-cenoura (9,66 e 10,66 mm) foi duas vezes melhor em comparação com o ágar-água (4 mm). No último dia de medição, 13 dias após a inoculação, *C. elegans* teve o melhor crescimento em ágar-cenoura e foi estatisticamente significativamente melhor em comparação com o crescimento em PDA e ágar-água. Também o crescimento em PDA foi estatisticamente melhor em comparação com o crescimento em ágar-água. *C. elegans* 20°C (Tabela 1.) no terceiro dia após a inoculação teve o melhor crescimento em PDA e ágar-cenoura em comparação com ágar-água. No 13° dia após a inoculação, o crescimento foi estatisticamente significativamente melhor em ágar-cenoura (57,66 mm), em comparação com os outros dois meios. A 25°C, o melhor crescimento de *C. elegans* foi registado em meio de cenoura.

Tabela 4. Taxa de crescimento de chalara elegans em diferentes temperaturas e meios

15°C	3° dia	6° dia	10° dia	13° dia
PDA	5	9.66	17.33	21.33
Ágar-água	4	4	8.33	12
Ágar-cenoura	4.33	10.66	21.33	28
LSD 0,05				2.40
0,01				3.64
20°C	3° dia	6° dia	10° dia	13° dia
PDA	9.66	20.66	35.33	47.33
Ágar-água	5	16.66	28.33	35.33
Ágar-cenoura	10.33	25.33	43.66	57.66
LSD 0,05				4.47
0,01				6.77
25°C	3° dia	6° dia	10° dia	13° dia
PDA	16	29.33	46	62.33
Ágar-água	4.66	16.33	37.33	50
Ágar-cenoura	19	33.66	52.66	69.33
LSD 0,05				4.42
0,01				6.70

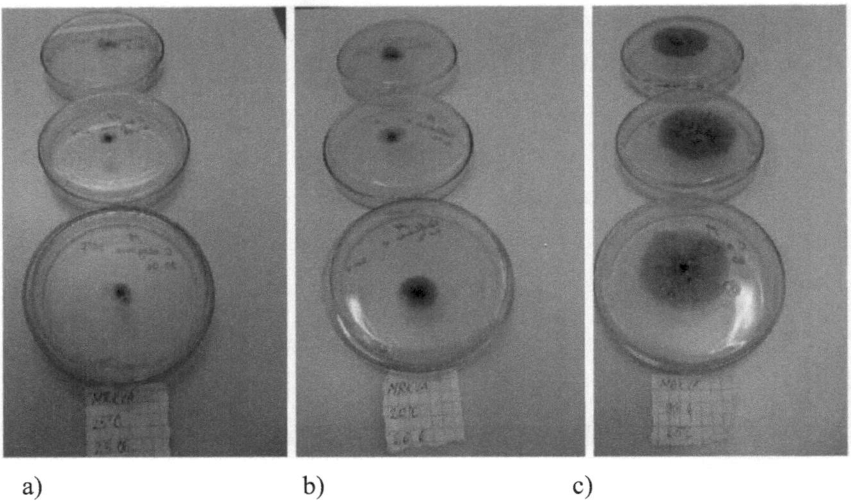

a)   b)   c)

Figura 2. Crescimento de *C. elegans* em ágar cenoura a 25°C: a) 3°, b) 6° e c) 10th dia após a inoculação (Jukic, 2015)

Discussão

Chalara elegans é um agente patogénico do solo que infecta mais de 200 espécies de plantas. Na nossa investigação, os fungos desenvolveram-se bem a todas as temperaturas em ágar-cenoura, com melhor crescimento a 25°C, embora o intervalo ótimo para o desenvolvimento da doença seja de 1723°C (Maceljski et al., 2004.). *Chalara elegans* é um importante agente patogénico da cenoura (Chittaranjan et al., 1993.), pelo que se esperava que tivesse o melhor crescimento em ágar-cenoura.

A podridão radicular da cenoura causada por *Chalara elegans* é uma doença importante da cenoura em muitas zonas de cultivo, tanto no campo como no armazenamento (Punja e Gaye, 1993.). A intensidade da doença depende da quantidade de inóculo no solo, da acidez e da estrutura do solo. Os clamidosporos deste fungo podem sobreviver no solo durante vários anos. A doença espalha-se muito rapidamente se a cenoura for armazenada em condições impróprias. De acordo com Weber e Tribe (2004), a incubação dura apenas 5 dias se a temperatura estiver entre 20 e 22°C. A doença desenvolve-se num intervalo de temperatura estreito, de 12 a 23°C, e a temperatura óptima é de 17 a 23°C (Maceljski et al. 2004.), o que também está de acordo com o resultado da nossa investigação.

Capítulo 5

Influência do meio de nutrição e da temperatura no desenvolvimento de *Fusarium* sp.

O género *Fusarium* pertence à classe *Hyphomycetes,* ordem *Hyphales.* O género *Fusarium* inclui um grande número de espécies, algumas saprófitas e outras parasitas facultativas, e ataca muitas ervas daninhas e plantas cultivadas, o que os torna um dos fungos economicamente mais importantes. (Cosic et al., 2006.). Uma das razões pelas quais *Fusarium* está tão difundido é a sua grande adaptabilidade a diferentes condições agroclimatológicas e ambientais (Cosic et al. 2004).

As espécies de *Fusarium* influenciam não só a quantidade da produção, mas também a qualidade, uma vez que produzem micotoxinas que são tóxicas para os animais e para os seres humanos.

Na patologia vegetal, são utilizados diferentes meios de cultura para o crescimento de fungos. O desenvolvimento fúngico depende da própria espécie, mas também da temperatura, humidade e luz (Svitlica et al., 2011.). Para a maioria das espécies de *Fusarium,* o meio mais adequado é o PDA, mas há espécies que preferem meios com menos hidratos de carbono, como o ágar com folhas de caranfila, que é bom para a esporulação (Nelson et al., 1997.). Os meios pobres em nutrientes dão conídios mais uniformes em termos de forma e tamanho. As culturas mais importantes são atacadas por várias espécies de Fusarium que causam diferentes doenças nas plantas. Milho - míldio das plântulas, podridão radicular, podridão do caule e da espiga, trigo - míldio das plântulas, podridão radicular e míldio da cabeça. A fonte de infeção pode ser constituída por resíduos vegetais no solo, grãos infectados e hospedeiros alternativos. A rotação de culturas de milho e trigo apenas aumenta a incidência da doença. O crescimento e a esporulação de *F graminearum, F verticillioides* e *F subglutinans* foram examinados durante 15 dias em 7 meios nutritivos de pH diferente e dois regimes de luz. Todos os isolados formaram o micélio mais abundante e tiveram o crescimento mais rápido em PDA e no escuro. A esporulação mais fraca foi determinada para *F. graminearum* em todos os meios, enquanto *F. verticillioides* e *F. subglutinans* esporularam bem em todos os meios. A taxa de crescimento mais lenta, estatisticamente significativa, foi determinada para todas as espécies em pH 4,5 (Svitlica et al., 2011).

O objetivo deste trabalho foi acompanhar o crescimento de 12 espécies de *Fusarium* em três meios diferentes (Chapek, PDA e ágar de sumo de tomate) a 15°C e 22°C.

Material e métodos

Para esta experiência, o crescimento fúngico de 12 espécies de *Fusarium* (*F. acuminatum, F. venenatum, F. semisectum, F. proliferatum, F. solani, F. equiseti, F. oxysporum, F. graminearum, F. verticillioides, F. avenaceum, F. sporotrichioides* e *F. subglut mans*) foi monitorizado em três meios diferentes: Chapek, PDA e ágar sumo de tomate (meio V-8 modificado) e a 15°C e 22°C em câmara de crescimento com regime de luz 12 h dia/ 12 h noite.

Resultados

Em PDA e a 15 °C, quatro dias após a inoculação, o crescimento mais rápido foi registado por *F. sporotrichioides* e foi estatisticamente significativo em comparação com *F. verticillioides* e muito significativo em comparação com outros fungos. O crescimento mais fraco na fase inicial foi o de *F. semitectum,* seguido de *F. proliferatum* e *F. solani. Aos* oito dias após a inoculação, a taxa de crescimento mais fraca foi a de *F. semitectum, F. proliferatum* e *F. solani.*

Tabela 5. Crescimento de *Fusarium* sp. em meio PDA

	15°C		22°C	
	4° dia	8° dia	4° dia	8° dia
F. acuminatum	39	90	57,5	90
F. avenaceum	32	84	79	90
F. equiseti	31,5	83,5	46	67,5
F. graminearum	27,5	90	48,5	84,5
F. oxysporum	37	90	84,5	90
F. proliferatum	16	41	30,5	49,5

F. semitectum	14	42	30	44,5
F. solani	16,5	43,5	29	52
F. sporotrichioides	48,5	90	51,5	90
F. subglutinans	25	75	48,5	84,5
F. venenatum	35	88,5	39,5	66
F. verticillioides	42,5	90	85	90
LSD 0,05	4,47	2,78	2,63	2,4
LSD 0,01	6,27	3,89	3,69	3,36

Tabela 6. Crescimento de *Fusarium* sp. em meio Chapek

	15°C		22°C	
	4° dia	8° dia	4° dia	8° dia
F. acuminatum	37,5	80	60	90
F. avenaceum	24	57,5	23	38,5
F. equiseti	30,5	82,5	51	81
F. graminearum	33	90	77,5	90
F. oxysporum	23,5	90	55,5	90
F. proliferatum	26	60,5	39	65,5
F. semitectum	26,5	68	51,5	83,5
F. solani	17	42,5	31	52
F. sporotrichioides	38	85	45	80
F. subglutinans	23	57,5	40	67,5
F. venenatum	37	90	42,5	80
F. verticillioides	27,5	90	79,5	90
LSD 0,05	5,28	5,13	4,89	3,33
LSD 0,01	7,4	7,19	6,86	4,67

No meio Chapek a 15°C, o melhor crescimento inicial (quarto dia após a inoculação) teve *F. sporotrichioides, F. venenatum* e *F. acuminatum*, o que foi estatisticamente significativo para todos os fungos, exceto *F. graminearum*. No oitavo dia após a inoculação, a melhor taxa de crescimento foi determinada para *F. graminearum, F.*

verticillioides, F. oxysporum e *F. venenatum* (90 mm) e foi estatisticamente significativa em comparação com todos os outros fungos, exceto *F. sporotrichioides.* *A* baixa taxa de crescimento em comparação com outros fungos foi registada por *F. solani.*

Em Chapek e a 22°C, *F. verticillioides* e *F. graminearum* tiveram a melhor taxa de crescimento. A sua taxa de crescimento inicial foi estatisticamente significativamente melhor em comparação com outros fungos. A taxa de crescimento inicial mais baixa foi registada por *F. avenaceum* (23,0 mm). *F. solani* (31,0 mm) e *F. proliferatum* (39,0 mm). No oitavo dia, a taxa de crescimento de *F. avenaceum foi* estatisticamente mais lenta.

Tabela 7. Crescimento de *Fusarium* sp. em meio de sumo de tomate

	15°C		22°C	
	6° dia	8° dia	6° dia	8° dia
F. acuminatum	43	59,5	43	66
F. avenaceum	40	57,5	29,5	38,5
F. equiseti	43	66	53,5	90
F. graminearum	41,5	72,5	77	90
F. oxysporum	47	74	50,5	90
F. proliferatum	45	69,5	50,5	79
F. semitectum	22,5	40,5	47	72
F. solani	22,5	37,5	32	57,5
F. sporotrichioides	43	60	52,5	79
F. subglutinans	38,5	52,5	39,5	68,5
F. venenatum	56	81,5	57,5	90
F. verticillioides	18	39,5	84	90
LSD 0,05	4,36	4,81	4,15	4,6
LSD 0,01	6,11	6,75	5,82	6,45

Em ágar sumo de tomate a 15°C, *F. venenatum, F. proliferatum* e *F. oxysporum* tiveram a melhor taxa de crescimento inicial. A taxa de crescimento inicial mais fraca foi a de *F. verticillioides* (18,0 mm) e a de *F. semitectum* e *F. solani* (22,5 mm). A 22°C, *F. graminearum* (77 mm) e *F. verticillioides* (84 mm) tiveram a melhor taxa de crescimento inicial. A sua taxa de crescimento foi estatisticamente significativamente melhor em comparação com as outras espécies. A taxa de crescimento mais fraca foi registada por *F. solani* e *F. avenaceum*. Oito dias após a inoculação, a taxa de crescimento mais fraca foi a de *F. solani.*

O género *Fusarium*, tal como todos os outros fungos, requer condições ambientais específicas para o seu desenvolvimento, sendo as mais importantes a temperatura, a humidade e o meio de crescimento. Em condições óptimas, a taxa de crescimento é a melhor. A primeira medição foi efectuada de 4 a 6 dias após a inoculação. Foi determinado que a taxa de crescimento do micélio em PDA é melhor a 22°C do que a 15°C. A maior diferença foi registada para *F. graminearum*, com um crescimento inicial do micélio de 27,5 mm a 15°C e de 85,0 mm a 22°C. Em Chapek, a situação foi a mesma e a temperatura de 22°C foi mais adequada para o desenvolvimento do micélio do que a de 22°C. *O F. graminearum* após 4 dias de inoculação a 15°C tinha um diâmetro de 33,0 mm e a 22°C tinha 79,0 mm. O crescimento fúngico em ágar tomate foi também melhor a 22°C do que a 15°C. A 15°C, *o F. verticillioides tinha um diâmetro* de micélio de 18,0 mm e a 22°C tinha 84,0 mm. Os resultados desta investigação estão em conformidade com os resultados de Svitlica et al. (2011), que afirmam que a temperatura óptima para o desenvolvimento de *Fusarium* se situa entre 20 e 25 °C. Resultados semelhantes foram apresentados por Cosic e Vrandecic (2002).

As espécies de *Fusarium* podem crescer em muitos meios diferentes. Na nossa investigação, determinámos que o melhor crescimento ocorre em meios PDA e a 22° C.

Resumo

Toda a investigação apresentada mostra que os meios e a temperatura têm uma influência significativa no desenvolvimento do micélio. No caso do *S. sclerotiorum,* os fungos desenvolveram-se melhor a 15 e 22°C em comparação com o crescimento fúngico a 30°C. A 30°C, o desenvolvimento de *Botrytis cinerea* a pH 6,5 foi estatisticamente significativamente melhor em comparação com o crescimento do micélio a pH 8,0. A 15 e 22°C, os fungos desenvolveram-se igualmente bem em todos os pH. *C. elegans teve* o melhor crescimento em ágar-cenoura e foi estatisticamente significativamente melhor em comparação com o crescimento em PDA e ágar-água. As espécies de *Fusarium* tiveram o melhor crescimento em meio PDA e a 22° C.

Literatura:

1. Abawi, G.S, Grogan, R.G. (1975): Source of primary inoculum and effects of temperature and moisture on infection of beans by *Whetzelinia sclerotiorum*. Phytophatology, 65: 300-309.

2. Adams, P.B., Tate, C.J. (1976): Germinação micelial de *escleródios* de *Sclerotinia sclerotiorum* no solo. Plant Disease Report, 60: 515-518.

3. Ahmed, A.U., Zaman, S., Mazid, M.A., Rahman, M.M., Sarkar, M.M.R., Arbia, L., Kabir, G. (2016). Estudos de *Botrytis cinerea* causando a doença do mofo cinzento botrytis no grão-de-bico *(Cicer arietinum* L.). Jornal de Biociências, 22, 69-76.

4. Ainsworth, G.C. (1971.) Dictionary of the Fungi. Commonwealth Mycologicl Institute, Kew, Surrey, Reino Unido.

5. Albert, S., Pandya, B., Padhiar, A. (2012) Avaliação das características das colónias e da atividade enzimática de alguns fungos para potencial utilização em co-cultura na biopolpação, Asian Journal of Biological and Life Sciences, 1, 83-89.

6. Alford, D.V. (2000) Pest and disease management handbook. Blackwell Science, Oxford.

7. Bachofen, R. (1986) Microorganisms in extreme environments. Introdução. Experientia 42, 323-328.

8. Boland, G.J., Hall, R. (1994): Índice de plantas hospedeiras de *Sclerotinia sclerotiorum*. Canadian Journal of Plant Pathology, 16: 93-108.

9. Booth, C. (1971): O Género Fusarium. Commonwealth Mycological Institute, Kew, Surrey, Londres.

10. Cabanillas, H.E. and Jones, W.A. (2009) Effects of temperature and culture media on vegetative growth of an entomopathogenic fungus *Isaria* sp. *(Hypocreales: Clavicipitaceae)* naturally affecting the whitefly, *Bemisia tabaci* in Texas, Mycopathologia, 167, 263-271.

11. Carlile, M.J., Watkinson, S.C., Gooday, G.W. (2001) Spore dormancy and

dispersal. In: Carlile MJ, Watkinson SC, Gooday GW. The fungi. 2.ed. San Diego: Académica, Cap.4, 2001, 185-243.

12. Cooke, B.M., Jones, D. And Kaye, G.B. (2006) The Epidemiology of Plant Diseases, 2nd edn. Springer, Dordrecht, Países Baixos.

13. Cosic, J. (2002.): Taksonomija Fusarium vrsta izoliranih s kultiviranog bilja, korova, i njihova patogenost za psenicu. Poljoprivreda, 8(1): 63-64

14. Cosic, J., Jurkovic, D., Vrandecic, K. (2006): Praktikum iz fitopatologije. Sveuciliste Josipa Jurja Strossmayera u Osijeku, Poljoprivredni fakutet u Osijeku

15. Cosic, J., Vrandecic, K. (2002.): Bioloske karakteristike *Fusarium graminearum* Schw. i F. *culmorum* (WG Smith) Sacc. Poljoprivreda, 8 (1): 16-20

16. Cosic, J., Vrandecic, K. (2003.): Fuzarijske bolesti psenice. Glasilo biljne zastite, 5: 284-288

17. Cosic, J., Vrandecic, K., Jurkovic, D., Eres, I., Postic, J. (2008.): Parazitna mikopopulacija zma soje. Poljoprivreda, 14(1): 5.-8.

18. Cosic, J., Vrandecic, K., Svitlica, B. (2004.): Fusarium vrste izolirane s psenice i kukuruza u istocnoj Hrvatskoj. Poljoprivreda, 10 (1): 5-8

19. Coung, N.G., Dohroo, N.P. (2006): Estudos morfológicos, culturais e fisiológicos sobre *Sclerotinia sclerotiorum* causando raiz do caule da couve-flor. Omonrice, 14: 71-77.

20. Cvjetkovic, B. (2010.): Mikoze i pseudomikoze vocaka i vinove loze, Zrinski d.d., Cakovec.

21. Damjanovic, A. M. (2016). Utjecaj temperature i pH podloge na rast gljive *Botrytis cinerea* (Dissertação de doutoramento, Universidade Josip Juraj Strossmayer de Osijek. Faculdade de Agricultura. DEPARTAMENTO DE PROTECÇÃO DAS PLANTAS).

22. Deshmukh, A. J., Mehta, B. P., Sabalpara, A. N., & Patil, V. A. (2012). Efeito in vitro de várias fontes de azoto, carbono e regimes de pH no crescimento e esporulação

de *Colletotrichum gloeosporioides* Penz. e Sacc causando antracnose do feijão indiano. Journal of Biopesticides, 5.

23. Doohan, F.M., Brennan, J., Cooke, B. M. (2003): Influence of climate factors on *Fusarium* species pathogenicto cereals. Jornal Europeu de Patologia Vegetal, 109:755-768

24. Farr, D.F., Bills, G.F., Chamuris, G.P. e Rossman, A.Y. (1989) Fungi on plants and plant products in the United States. APS Press. St. Paul, Minnesota.

25. Fernandez, J. G., Ferbabdez-Baldo, A. M., Sansone, G., Cálvente, V., Benuzzi, D., Salinas, E., Raba, J., Sanz, M. I. (2014.): Efeito da temperatura sobre as características morfológicas de Botrytis cinerea e sua correlação com a variabilidade genética. Revista de Medicina da Vida Costeira 2014; 2(7): 543-548.

26. Fuentes, M. E., Quiñones, R. A., Gutiérrez, M. H., & Pantoja, S. (2015). Efeitos da temperatura e da concentração de glicose no crescimento e respiração de espécies de fungos isoladas de um ecossistema de afloramento costeiro altamente produtivo. Fungal Ecology, 13, 135-149.

27. Gerlach, W., Nirenberg, H. (1982.): O género Fusarium - um atlas pictórico.

germinação e crescimento de hifas de Beauveriabassiana, Journal of Invertebrate Pathology, Orlando, 37, 1981, 222-230

28. Gillooly JF, Brown JH, Best GB, Savage VM, Chamov EL. 2001. Effects of size and temperature on metabolic rate (Efeitos do tamanho e da temperatura na taxa metabólica). Science 293: 2248-2251.

29. Gock, M. A., Hocking, A. D., Pitt, J. I., & Poulos, P. G. (2003). Influência da temperatura, atividade da água e pH no crescimento de alguns fungos xerófilos. International Journal of Food Microbiology, 81(1), 11-19.

30. Hao, J. J., Subbarao, K. V., & Duniway, J. M. (2003). Germinação de Sclerotinia minor e S. sclerotiorum sclerotia sob várias combinações de umidade e temperatura do solo. Phytopathology, 93(4), 443-450.

31. Hartill, W. F. T., Young, K., Allan, D. J., & Henshall, W. R. (1990). Efeitos da

temperatura e da humidade das folhas no míldio da batata. New Zealand Journal of Crop and Horticultural Science, 18(4), 181-184.

32. Hoes, J.A., Huang, H.C. (1975): *Sclerotinia sclerotiorum-*, viabilidade e separação de esclerócios do solo. Phytopathology, 65: 1431-1432.

33. Huang, H. C. (1985): Fatores que afetam a germinação miceliogênica de *escleródios* de *Sclerotinia sclerotiorum*. Phytopathology, 75: 433-437.

34. Hudec, K., Muchova, D. (2010.): Influência da temperatura e da origem das espécies na patogenicidade de *Fusarium* spp. e *Microdochium nivale em* plântulas de trigo,. Ciência da proteção das plantas, 46 (2): 59-65.

35. Humpherson-Jones, F.M., Cooke, R.C. (1977): Morfogénese em fungos formadores de esclerócios II. Produção rítmica de *esclerócios* por *Sclerotinia sclerotiorum* (Lib.) de Bary. New Phytopathology, 78: 181187.

36. Ilic, J., Cosic, J., Jurkovic, D., Vrandecic, K. (2012.): Patogenicidade de *Fusarium spp.* isolado de ervas daninhas e detritos vegetais no leste da Croácia para trigo e milho. Poljoprivreda 18(2):7-11.

37. Ilieva, E. (1970.): Alguns estudos biológicos sobre *Botrytis cinerea,* o agente casual do bolor cinzento do tomateiro de estufa. Gradinar Losar. Nauka 7:7381.

38. Jarvis, W. R. (1977.): *Botryotinia* e *Botrytis* species, taxonomy, physiology and pathogenicity. Research Branch, Cnada Department of Agriculture MonogrphNo. 15. Pp. 195.

39. Jeon, Y.-J., Kwon, H.-W., Nam, J.-S., Kim, S.H. (2006): Characterization of *Sclerotinia sclerotiorum* Isolated from Paprika. Mycobiology, 34(3): 154-157.

40. Jukic, A. (2015): Utjecaj hranjive podlog i temperature na razvoj gljive *Chalara elegans,* Diplomski rad, Poljoprivredni fakultet Osijek.

41. Jukic, A. (2015). UTJECAJ HRANJIVE PODLOGE I TEMPERATURE NA RAZVOJ GLJIVE (Dissertação de doutoramento, Universidade Josip Juraj Strossmayer de Osijek. Faculdade de Agricultura. DEPARTAMENTO DE PROTECÇÃO DAS PLANTAS).

42. Jurkovic, D., Cosic, J. (2004.): Bolesti suncokreta. U: Suncokret *(Helianthus annuus* L.), Vrataric i sur. (ur.). Poljoprivredni institut Osijek, 283-328.

43. Kaur, M., Singh, A., & Jain, S. (2017). Requisitos nutricionais e fisiológicos para o crescimento e formação de escleródios de Sclerotinia sclerotiorum causando podridão branca de capsicum. Plant Disease Research, 32(1), 77-85.

44. Kim, W.G., Cho, W.D. (2003): Ocorrência da podridão de Sclerotinia em culturas de Solanáceas causada por *Sclerotinia* spp. Mycobiology, 31(2): 113118.

45. Kim, Y. K., Xiao, C. L., Rogers, J. D. (2005.): Influência dos meios de cultura e dos factores ambientais no crescimento micelial e na produção de picnídios de *Sphaeropsispyriputrescens.* Mycologia 97:25-32.

46. Kohn, L. M. (1979): Uma revisão monográfica do género *Sclerotinia.* Mycotaxon, 9: 365-444.

47. Koric, B. (2003): *Fusarium* spp. na sjemenskim i merkantilnim usjevima psenice u hrvatskoj u 2002. godini. Zbornik radova i eseja. XI. Slovenska konferencija o zastiti bilja, Zrece, 165-169.

48. Lahouar, A., Marin, S., Crespo-Sempere, A., Saïd, S., & Sanchis, V. (2016). Efeitos da temperatura, atividade da água e tempo de incubação no crescimento fúngico e na produção de aflatoxina Bl por isolados de Aspergillus flavus toxinogênicos em sementes de sorgo. Revista Argentina de microbiologia, 48(1), 78-85.

49. Lane, C., Beales, P., Hughes, K. J. D. (2012) Fungal plant pathogens. Agência de Investigação Alimentar e Ambiental, Sand Hutton, York, YO41 1LZ, Reino Unido.

50. Lazarotto, M.,Mezzomo, R., Marciel, C.G., Finger, G., Muniz, M.F.B. (2013): Crescimento micelial e esporulação em espécies do complexo *Fusarium chlamydosporum* em diferentes condições de cultivo. Revista amazônica de agricultura e ciências ambientais, 57 (1): 35-40.

51. Lilly VG e Barnett HL. Physiology of fungi. McGraw Hill Book Company, Inc. Nova Iorque, 1951, 464.

52. Lorenz, D. H., Eichom, K. W. (1983.): Untersuchungen an *B. fuckeliana* Whetz.,

dem Perfekt stadium von *B. cinerea* Pers, in *Vitis vinifera,* Phytopathology, 63(9):1151- 1157.

53. Madden, L., Hughes, G. e van den Bosch, F. (2007) The Study of Plant Disease Epidemics, APS Press, St. Paul, Minnesota.

54. Marchisio VF. Keratinophilic fungi: their role in nature and degradation of keratinic substrates, In Biology of dermatophytes and other keratinophilic fungi, EdsKushwaha, R.K.S., J. Guarro, Bilbao, Spain: Revistalberoamericana de Micología, 2000, 86-92

55. McKeen, W. E. (1974.): Modo de penetração de paredes epidérmicas de *Vicia faba* por *Botrytis cinerea.* Phytopthology. 64: 455.

56. McQUILKEN, M. P., Budge, S. P., & Whipps, J. M. (1997). Efeitos dos meios de cultura e fatores ambientais na germinação conidial, produção picnidial e extensão hifal de Coniothyrium minitans. Mycological Research, 101(1), 11-17.

57. Mikic, I., Radan, Z., Cosic, J., Vrandecic, K. (2014.): Utjecaj hranjive podloge i temperature na razvoj Sclerotinia sclerotiorum. Poljoprivreda, 20(2):8-ll.

58. Milicevic, T., Kalitema, J., Ivie, D., Stricak, A. (2013.): Identifikacija i zastupljenost Fusarium vrsta na sjemenu grahorice, bijele vucike te nekih samoniklih mahunarki. Poljoprivreda, 19 (1): 25-32

59. Mishra PK e Khan FN. Efeito de diferentes meios de crescimento e factores físicos na produção de biomassa de *Trichoderma viride,* People's Journal of Scientific Research, 8, 2015, 11-16.

60. Mitteilungen aus der Biologischen Bundesanstalt fur Land- und Forstwirtschaft Berlin- Dahlem, Kommissionsverlag P. Parey, 406 pp.

61. Mlikota, F. (2001.): Altemativne metode suzbijanja sive plijesni *(Botrytis cinerea* Pers. Ex. Fr.) pri skladistenju stolnog grozdja. Disertacija. Agronomski fakultet Sveucilista u Zagrebu.

62. Murakawa, S., Funakawa, S., Satomura, Y. (1975): Alguns físicos e químicos sobre a formação de *escleródios* em *Sclerotinia libertiana* Fuckel. Química Agrícola e

Biológica, 39: 463-468.

63. Nelson, P. E., Dignani, M.C., Anaissie, E.J.(1994.): Taxonomia, biologia e aspectos clínicos das espécies de *Fusarium*. Clinical microbiology reviews, 7 (4): 479-504

64. Nicot, P. C., Mermier, M., Vaissiere, B. E., Lagier, J. (1996.): Produção diferencial de esporos por *Botrytis cinerea* em meio de ágar e tecido vegetal sob filme de polietileno absorvente de luz quase ultravioleta. Plant Diease. 80(5): 555-558.

6 5.Onilude, A.A., Adebayo-Tayo, B.C., Odeniyi, A.O., Banjo, D., Garuba, E.O. Comparative mycelial and spore yield by *Trichodermaviride* in batch and fed-batch cultures, Annals of Microbiology, 63, 2012, 547-553.

66. Paradikovic, N., Cosic, J., Jurkovic, D. (2000.): Suzbijanje *Fusarium oxysporum* na gerberama (Gerbera Jamesonii H. Bolus ex JD Hook) bioloskim pripravkom. Agriculture Scientific and Professional Review, 6 (2): 58-61

67. Peterson, R.H. (1974) O ciclo de vida do fungo da ferrugem. The Botanical Review 40,453-13.

68. Pettit, T.R., Parry D.W. (1996): Effects of climate change on *Fusarium* foot root ofwinter wheat in the United Kingdom. Simpósios da British Mycological Society, Fungi and environmental change. 20 : 20-31

69. Radman, Lj. (1978.): Bolesti ratarskih kultura. Sarajevo.

70. Saha A, Mandal P, Dasgupta S, Saha D. (2008) Influência dos meios de cultura e dos factores ambientais no crescimento micelial e na esporulação de Lasiodiplodiatheobromae (Pat.) Griffon e Maubl, Journal of Environmental Biology, 29, 407-410.

71.Samuels, G. J., Dodd, S. L., Gams, W., Castlebury, L. A., & Petrini, O. (2002). Espécies de Trichoderma associadas à epidemia de bolor verde em *Agaricus bisporus* cultivado comercialmente. Mycologia, 94(1), 146-170.

72. Sever, Z., Ivie, D., Kos, T., Milicevic, T. (2012): Identification od *Fusarium* species isolated from stored apple fruit in Croatia. Arhiv za higijenu rada i toksikologiju, 63

(4): 463-470

73. Sharma A, Sharma M e Chandra S. (2012) Influência da temperatura e da humidade relativa no crescimento e esporulação de alguns dermatófitos comuns, Indian Journal of Fundamental and Applied Life Sciences, 2, 1-6.

74. Sharma, M. e Sharma, M. (2009) Influência de factores ambientais no crescimento e esporulação de geophilickeratinophiles de amostras de solo de um parque público, Asian J. Exp. Sci., 23, 307-312.

75.Sharma, S.K., Sharma, P., Agrawal, R.D. (2011) Effect of temperature and pH combinations on growth pattern of dermatophytes isolated from HIV positive patients, Asian Journal of Biochemical and Pharmaceutical Research, 3,307-312.

76,Simpfendorfer, S., Harden, T.J., Murray, G.C. (2001) Effect of temperature and pH on the growth and sporulation of Phytophthora clandestine,Australasian Plant Pathology, 30, 1-5.

77. Singh, A. e Sharma, R. (2014) Estudos de biocontrolo e ambientais sobre micoflora degradadora de papel isolada da área de Sanganer, Jaipur, Índia, Int. J. Curr. Microbiol. App. Sci., 3, 948- 956.

78. Singh, D.B. (1980) Effect of culture media, pH and temperature on growth behaviour of Altemariabrassicae and Drechsleragraminea, Proc. Indian natn. Sci. Acad., B46, 393-396.

79. Singh, M., Sharma, O. P., Bhagat, S., & Pandey, N. (2013). Efeito de fungicidas sistémicos, meios de cultura, temperatura e pH no crescimento de *Sclerotinia sclerotiorum* (Lib.) de Bary. *Ann. Pl. Protec. Sci, 21* (1), 136139.

80. Smith, R. J., & Grula, E. A. (1981). Requisitos nutricionais para a germinação conidial e o crescimento hifal de Beauveria bassiana. Journal of Invertebrate Pathology, 37(3), 222-230.

81. Sosa-Alvarez, M., Madden, L. V., Ellis, M. A. (1995.): Effects of temperature and wetness duration on sporulation of *Botrytis cinerea* on strawberry leaf residues. Plant Disease, 7(96):609-615.

82. Spotts, R.A., Cervantes, L.A. (1996): Podridão de Sclerotinia em peras no Oregon. Plant Disease, 80: 1262-1264.

83. Sutton, J.C. (1982.): Epidemiology of wheat head blight and maize ear rot caused by *Fusarium graminearum*. Journal Plant Pathology, 4: 195- 209.

84. Svitlica, B., Cosic, J., Simic, B., Vrandecic, K., Bunjevac, I., Bozic, M. (2011.): Utjecaj uvjeta uzgoja na porast i sporulaciju *Fusarium* vrsta. Poljoprivreda, 17(1):42-51.

8 5.Svitlica, B., Cosic, J., Simic, B.,Vrandecic, K., Bunjevac. I., Bozic, M. (2011.): Utjecaj uvjeta uzgoja na porast i sporulaciju *Fusarium* vrsta. Poljoprivreda, 17(1): 42-46

86. Topolovec-Pintaric, S. (2000.): Urodena i stecena otpomost *Botrytis cinerea* Pers. Ex Fr. na botriticide u vinogradima i suodnos rezistentnih patotipova. Doktorska disertacija. Agronomski fakultet Sveucilista u Zagrebu.

87. Verma, VS. (1969) Effect of temperature and hydrogen ion concentration on threepathogenie Fungi, Sydowia, 23, 164-168.

88. Webb, R. W. (1919.): Estudos sobre a fisiologia dos fungos. Germinação dos esporos de fungos centrípetos em relação à concentração de iões de hidrogénio. Ann. Mo. Bot. Gard. 6:201-222.

89. Williamson, B.G., Duncan, G.H., Harrison J.G., Harding, L.A., Zimand, G. (1994.): Bolor cinzento *(Botrytis cinerea)* das roseiras. Relatório anual do Schottish Crop Research Institute 1993:91-93.

90. Xiao, C.L., Kim, Y.K., Boal, R.J. (2011.): Controlo da podridão de *Sphaeropsis* em fruta de maçã armazenada causada por *Sphaeropsis pyriputrescens* com fungicidas pós-colheita. Plant Dis. 95:1075-1079.

91. Zhao, H., Huang, L., Xiao, C. L., Liu, J., Wei, J., Gao, X. (2010). Influência dos meios de cultura e dos factores ambientais no crescimento micelial e na produção de conídios de *Diplocarpon mali*. Cartas em microbiologia aplicada, 50(6), 639-644.

Buy your books fast and straightforward online - at one of world's fastest growing online book stores! Environmentally sound due to Print-on-Demand technologies.

Buy your books online at
www.morebooks.shop

Compre os seus livros mais rápido e diretamente na internet, em uma das livrarias on-line com o maior crescimento no mundo! Produção que protege o meio ambiente através das tecnologias de impressão sob demanda.

Compre os seus livros on-line em
www.morebooks.shop

Printed by Books on Demand GmbH, Norderstedt / Germany